可在居家空間培育的迷你綠植栽

桌上的暖心
多肉小盆栽41款

境野隆祐｜AYANAS

前言

初次見面。

我是「AYANAS」負責人,專門從事植物的相關工作。

以日本群馬縣高崎市為據點,經營觀葉植物精品專賣店,

提供庭園設計、施工、Green Display（植栽景觀布置設計）等服務。

日文「彩なす（讀音AYANAS＝店名）」一詞,

意思是——

「匯集各式各樣的顏色、形狀,形成優雅漂亮的模樣、景色」。

我提供的服務對象是居家、庭園、生活其中的人們,

我會依照顧客的興趣與需求,幫忙打造優雅多彩的空間。

滿懷希望地正要展開有植物相伴的生活,

迎接盆栽進入居家生活,卻不知道該怎麼維護照料,因此感到煩惱的人。

書中彙整了最基本的植栽相關知識,是剛踏入栽培領域者的最佳入門書。

教你如何輕鬆迎入小巧盆栽、如何守護植物的成長、

如何耐心地等候植物融入生活構成美麗的景色,

書中全是植栽裝飾的相關建議。

植物是活的。

栽培植物可以美化、豐富人們的生活。

日常生活中積極地接觸、關注植物,

希望伴隨著植物的生長,我們也一起成長。

希望這本書能夠幫助你順利地邁向室內植栽之路,

過著有植物長久相伴的美好生活。

contents

Part 1

栽培迷你小盆栽裝飾居家環境

Part 2

深入了解植物以打造理想的栽培環境

Part 3

小巧株姿就漂亮耀眼
推薦室內栽培裝飾的植物圖鑑

在閱讀本書之前

什麼是「迷你小盆栽」？

本書主題是「栽培可長久裝飾居家
環境的迷你小盆栽」。書中所謂的
「迷你小盆栽」，具體而言，是
指可以捧在手掌心，將小巧植株
種在1號至3.5號（直徑約3cm至
10cm）小花盆裡的小型盆栽。
大型盆栽適合擺在沙發、桌面周邊
營造空間感，相對地，小型盆栽適
合像創意擺飾、藝術品，用於美化
空間構成重點裝飾。請先從栽培迷
你小盆栽開始，輕鬆愉快地享受裝
飾居家環境的樂趣吧！

欣賞植物成長過程中展現的美麗景色

裝飾居家環境之初，「迷你小盆栽」十分小巧可愛，相伴生活一
段時間之後，植物一天天地成長，越來越茁壯。有些植物經過
一個夏天就長大一倍，有些植物栽培好多年卻還是幾乎看不出變
化。年復一年，窗邊景色越來越繽紛多彩。
本書對於迷你小盆栽的維護管理、基本鑑賞要點都有詳盡的介
紹。一年365天，讓我們一起來守護著植物們的生長，打造一個
專屬於自己的美麗景色。

以蘇鐵麒麟為例，
經過多年的栽培，
也會長得這麼高！

Part 1

栽培迷你小盆栽裝飾居家環境

栽種小巧植物，完成迷你小盆栽，當作室內擺飾，將居家環境
裝飾得更加優雅時尚，需要一些小訣竅。
首先，一起來學習室內植栽的基本知識與裝飾技巧吧！

裝飾用植物的選擇要點

逛園藝店時，總是看到店裡琳琅滿目地擺放著許多植物。

看到種在小花盆裡，顏色、形狀各具特色的植物時，

腦海裡是否浮現過這種想法呢？

「要拿來裝飾我的居家環境，到底該選擇哪種植物才好呢？」

首先，先介紹植物的選擇要點吧！

選擇裝飾用植物的兩大要點是「挑選自己喜歡的植物」、

「挑選適合於自家環境栽培的植物」。

挑選自己喜歡的植物

植物買回家之後，就與自己結下了不解之緣，關係會維持很長的一段時間，
甚至長達幾十年。因此選擇植物時，最重要的是「挑選自己喜歡的植物」。
挑選自己喜歡、喜愛的植物，才能夠長久相伴，密切互動。「好可愛！」
「很酷耶！」不管是什麼理由，首先請挑選自己覺得很有魅力的植物。
Part 3「推薦室內栽培裝飾的植物圖鑑」中，彙整介紹了許多株姿小巧，就漂
亮耀眼、魅力十足的植物，不妨先從其中找出自己覺得喜歡的植物。

Point 2 挑選適合於自家環境栽培的植物

植物是生物，將喜歡的植物買回家裡之後，必須擺在良好的生長環境，植
物才會健康地成長。購買植物前，必須確認居家的環境條件。最重要的是
確認通風與日照。
栽培植物必須具備的環境條件，彙整於Part 2「深入了解植物以打造理想
的栽培環境」單元。第一次以植物裝飾居家環境的人，購買植物前，請先
閱讀Part 2內容，並仔細確認居家環境條件。

·····　column 01　·····

活用網路商店！

近年來，除了實體店面之外，透過網路商店
銷售植物的情形越來越普遍。
透過網路商店購買的最大優點是，無論哪個
地方的植物都可以買得到。對於住家附近沒
有實體店面的人來說，網路商店更是難得的
好幫手。
兼營實體店面的網路商店、單純從事網路銷
售的業者、當作事業全心投入銷售的店家、
從事個人（副業）銷售的人，植物相關網路
銷售型態不勝枚舉。最近，網路拍賣、日本
網路公司Mercari等平台，也開始提供植物相
關銷售服務。購買植物前，不妨先瀏覽各大
網路平台，尋找符合自己購買型態的賣家。

準備工具

栽培植物需要工具。

必要工具大致分成「日常管理用工具」、「移植改種用工具」兩大類。

都是居家用品賣場、園藝店、百元商店等，就能夠輕易買到的工具。先準備必要工具，再慢慢地添購，依個人喜好換成不同造形的工具，也十分有趣。

● 日常管理用工具

1 噴霧器
施灑葉水時使用。

2 鑷子
清除枯葉、害蟲等雜物的便利工具。

以鑷子夾掉細小枯葉。

3 清潔用吹球
整理多肉植物、虎尾蘭等葉片重疊的植物時，吹掉葉片之間沙塵的絕佳工具。

4 噴壺
日常澆水工具。頻繁使用的工具，通常擺在方便取用的場所，不妨挑選喜歡的類型。

● 移植改種用工具

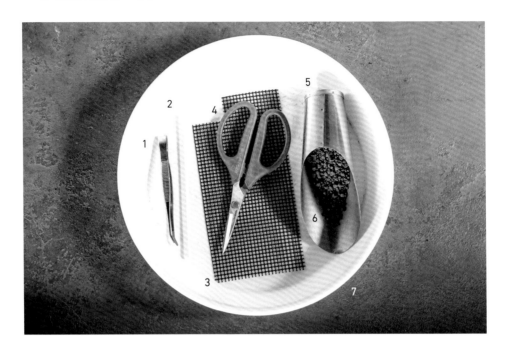

1 鑷子
支撐小植株或仙人掌等、清除受損根部或土壤時使用。

2 攪拌棒
戳動盆土填補根部之間空隙時使用。以竹筷取代亦可。

3 盆底網
覆蓋盆底孔,防止盆土流失。配合盆底孔,修剪成適當大小。

4 剪刀
修剪不必要枝葉與受損、老化根部時使用。

5 土鏟
將用土鏟入花盆的工具,方便鏟土倒入花盆。建議如圖準備不鏽鋼材質的筒形土鏟。

6 用土
移植改種時使用(用土種類請見P.14)。

7 淺盤
在淺盤上作業,就不會弄髒周邊環境。

···· column 02 ····

改善栽培環境的工具

栽培植物前,必須打造一個適合植物生長的環境,讓植物健康地生長。重點是風、光(陽光)、水、溫度、濕度(詳情請見Part 2相關解說)五大環境要素。這是室內居住空間很難達到的條件。條件不足時需要多花些心思進行改善。通風不良場所可設置空氣循環機,促進空氣流通;日照不足的環境,可考慮設置植物生長燈。

但最理想的還是室外環境。即便設置空氣循環扇、植物生長燈等設備,狀況許可下,請經常將植物移往陽台等場所,設法增加植物接觸自然風與光的機會。

準備用土

土壤是植物生長的基礎。即使以小花盆栽種植物，也不是只將園藝常用培養土倒進花盆裡就好了！本單元介紹的，都是我進行迷你小盆栽移植改種時準備的用土。列舉用土種類時，會一併介紹該用土的作用。

● 鋪面石（裝飾用輕石）

覆蓋盆土，美化盆栽。可防止培養土中腐葉土、較輕物質浮出盆土表面，澆水作業更順利進行。

細粒赤玉石。

輕石。混合大、小粒輕石，感覺更加自然。

● 盆底石

盆底網上方鋪一層盆底石，具有促進排水，防止盆土流失作用。

赤玉土（小粒）。

花盆裡還有充裕空間時，赤玉土下方還可鋪放小粒輕石（同鋪面石）。

● 培養土

奠定植物生長基礎的土壤。

以黑土、腐葉土、蛭石、珍珠石等調配而成的土壤。添加赤玉土、砂土，可增進排水性，依喜好混合使用亦可。

花盆的基本構造

挑選花盆是栽種植物、當作室內擺飾、美化居家環境的
樂趣之一。以下將解說花盆的基本構造。

盆口內徑

盆口外徑

● 花盆規格

號數	直徑（盆口外徑）cm
1	3
2	6
3	9
3.5	10.5

書中介紹的
「迷你小盆栽」，
是指可以捧在手掌心，
植株種在1號至3.5號
小花盆裡的小型盆栽。

直徑

盆高

←盆底尺寸（盆底直徑）→

● 盆壁
花盆的主體部分。

● 盆底孔
澆水之後排出多餘水分的孔洞。

花盆的種類

花盆的種類非常多，除了形狀不同之外，材質也豐富多元。園藝
店、網路商店就能夠輕易地買到各種類型的花盆。請配合室內裝潢
與栽培的植物，挑選喜歡的花盆。

● 各式各樣的花盆

標準型
花盆種類多，使用範圍廣，
容易搭配植物。

淺型
盆栽等植栽常用花盆。適
合栽種淺根性植物。

深型
常用於栽培蘭花等植物的
花盆。適合栽種根部較粗
的深根性植物。

Point | 分辨根部生長狀態的大致基準
通常，向外擴散生長的植物扎根較淺，向上生長的植物具有深度扎
根的傾向。

球型
花盆沒有正面、側面之
分，任何方向都賞心悅
目。移植改種時不需要
在意裝飾方向。

方型
花盆有正面，移植改
種時，需要意識著植
物的鑑賞方向。

Point | 盆栽擺放場所只有一個方向照得到陽光時，經常轉盆改變方向，好
讓植物均衡地生長。

● 各種材質的花盆

塑膠盆

質地輕盈，使用方便，保水性良好。不容易受外界氣溫影響。

素燒盆

透氣性絕佳，不容易受外界氣溫影響。空氣會穿透，植物不容易罹患腐根病。相對地，保水性較差，容易乾燥。

水泥盆

充滿冷硬無機質意象，與植物形成鮮明對比，適合搭配各種植物。但花盆易缺損，澆水等頻繁移動時，需格外留意。

陶盆

種類豐富多元，可配合室內裝潢，享受挑選樂趣。容易受外界氣溫影響。冬季冰冷無比，植物根部容易累積壓力，需留意擺放場所。

•••••• column 03 ••••••

花盆套的選擇

除了可直接栽種植物的「花盆」之外，還有「花盆套」。種著植物的塑膠盆、塑膠軟盆可直接套上花盆套。花瓶、餐具等也可以當作花盆套使用喔！

花盆套沒有盆底孔，盆栽澆水時需暫時拿掉，排掉多餘水分之後再重新套上。

建議栽種象徵樹裝飾客廳等，處理龐大笨重盆栽時使用。因為植物直接種入陶盆，移動與澆水需要大費周章。將植物種在塑膠盆內，套上花盆套就能加以美化，想不想以這樣的盆栽裝飾居家環境呢？

外觀上與一般花盆並無不同，但沒有盆底孔！

植物與花盆的搭配要點

花盆是襯托植物魅力的重要資材。精心組合搭配植物與花盆，完成優雅漂亮的室內裝飾吧！接下來介紹花盆的選擇要點。

無論植物或花盆，種類都相當豐富多元。請以喜歡的植物與花盆組合搭配看看，搭配結果與想像差異太大時，不妨參考以下搭配技巧，多加嘗試。

Technique 1　**意識著植物的臉**

植物的姿態樣貌豐富多彩。每個人對於植物最富魅力之處的鑑賞觀點，也各不相同。以下圖中植物為例，俯瞰與側看時，感覺截然不同。俯瞰時看到的是密密麻麻地相互依偎的葉，側看時則是欣賞小葉的纖細氛圍。應該以哪個部位當作此盆栽的臉呢？請仔細地觀察思考。移植改種之後，鑑賞觀點也會因為擺放場所不同而改變，因此作業時也需要思考到擺放場所。

感覺植物的臉朝著正上方。由上方俯瞰盆栽時，看到圓形中密密麻麻地擠滿小葉，模樣可愛的露子花屬・史帕曼（P.76）。

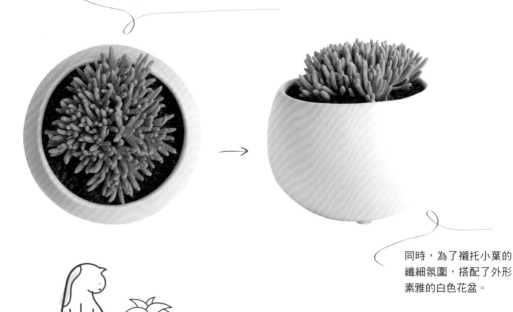

同時，為了襯托小葉的纖細氛圍，搭配了外形素雅的白色花盆。

精心組合植物與花盆，
巧妙搭配出描畫圓形般
的柔美輪廓。

Technique 2

描畫圓形

挑選由側面看花盆時，能夠連結花盆線條與
植株頂點，描畫圓形的花盆，盆栽外觀安
定，充滿柔美意象。

以低矮花盆
襯托高挑植株。
仙人掌屬・龜甲團扇
（P.48）。

Technique 3

以布滿裂紋的花盆襯托植物

刻意消除 Technique 2 般植物與花盆整體感
的搭配巧思。例如，以縱、高仙人掌植物×
淺、矮花盆組合，強調仙人掌的挺立株姿。
相對地，希望突顯花盆時，則搭配纖細柔美
的植物。

統一葉質感與
花盆意象。

Technique 4

統一TEXTURE（顏色、模樣、質感）

針對枝葉與植株的質感、顏色、模樣等，搭配相同
TEXTURE的花盆，構成整體十足的盆栽。同時考量
周邊室內裝潢的搭配性，自然孕育出十分完整的世
界觀。

移植改種的基本技巧

找到喜歡的植物與花盆之後，進行移植改種。作業方式因植物種類、大小、特性而不同，但可活用於大部分植物，請一併作為參考。

即使沒有頻繁地進行移植改種，植物也不會枯萎，但可能出現生長趨緩、不容易長出新芽等現象。尤其是本書圖鑑中刊載的植物，一旦出現根阻塞現象，將嚴重影響植株的生長。

多年未進行移植改種、盆土減少、不長出新芽、生長速度趨緩時，不妨進行移植改種。

● **移植改種步驟**

準備舊報紙，可避免弄髒地板，相當便利喔！

準備必要工具（工具種類請見P.13）。

修剪盆底網，鋪於花盆底部。

盆底網大小，以能夠覆蓋盆底孔為大致基準。

倒入盆底石（小粒赤玉土）。

倒入少量培養土，大致覆蓋盆底石。

一手支撑植株基部，
連同根盆
輕輕地拔出。

移植改種前，由花盆取出植物。

確認根部未變色
（褐色、黑色），
內部組織完好，
未呈現空根狀態。

根部土壤
去除或不去除
都無妨。

確認根部狀態，整理根部，修剪受損部分。

將植物置於新盆中央，培養土倒入花盆與植株之間的空隙。

避免損傷
根部！

貼著花盆內壁插入攪拌棒，一邊戳動盆土，一邊填補空隙。

預留蓄
水空間。

蓄水空間

鋪上鋪面石（細粒赤玉土），至完全覆蓋培養土為止。

依喜好擺放裝飾用輕石。

● 有刺植物的處理方法

仙人掌等有刺植物進行移植改種時，
以毛巾包裹起來再拿取，或以鑷子支撐植株。

處理小巧植物時，先以鑷子支撐植株基部才夾起。

棘刺太硬時，先以厚毛巾、薄瓦楞紙等包裹起來再拿取。

● 完成移植改種作業之後的維護照料

紓解移植改種產生的壓力與養護

進行移植改種，亦即根部環境出現
變化時，對植物而言，多少會產生
一些壓力。完成移植改種作業之
後，最好從日照充足的日常擺放位
置，移往半遮蔭場所，讓植物休息
1至2個星期。

完成移植改種作業之後的澆水方式

印度橡膠樹等一般觀葉植物，完成
移植改種作業之後，立即充分地澆
水也沒關係。

另一方面，多肉植物、仙人掌等，
進行移植改種時容易損傷根部，細
菌便從傷口進入，很常見這種影響
植物生長的情形。這類植物進行移植改種時，應以根部受損為
前提，根部乾燥為止（1至2星期），進行控水為不敗原則。

完成移植改種作業之後，
擺在半遮蔭（僅上午照射
陽光的場所），避免植物
產生壓力。

以上敘述請作為移植改種的大致基準。

增加植物（繁殖）

「增加植物（繁殖）」是人們與植物長久生活的樂趣之一。開花結果，種子成熟之後，不妨採收播種試著繁殖增加植物。

栽培多肉植物時，除了播種栽培（稱為實生）之外，還有其他增加植物的方法。以下介紹最具代表性的三種方法與要點。

 ### 扦插（插芽）

剪下嫩枝，整齊地修剪成適當長度。保留枝條尾端1至3片葉，摘除下葉，進行扦插。斜剪枝條下部，乾燥數日之後插入土裡。置於通風良好的半遮蔭場所，靜待（2至3星期）發根，栽培至長出3至4片本葉，即可移植種入花盆。一般觀葉植物、多肉植物，乃至庭園樹木，皆適合以此方式進行繁殖增加株數。

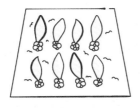

 ### 插葉

由植物摘下葉子，置於乾燥土壤表面。期間不澆水。數日後發根，以土壤覆蓋根部，開始澆水。以多肉植物為主，進行繁殖，增加株數時，不妨挑戰看看。

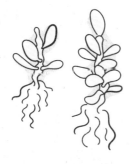

 ### 分株

由花盆拔出植物，以手指或乾淨的剪刀、美工刀等，由親株切離子株、分切群生植株，進行繁殖，增加株數。分株是賞葉用觀葉植物、多肉植物最適合採用的繁殖方式。

優雅時尚地裝飾盆栽的訣竅

完成移植改種作業，以盆栽裝飾居家環境計畫終於展開。接下來介紹優雅時尚地裝飾盆栽的訣竅。
但盆栽到底該怎麼裝飾，並沒有標準答案。別想得太困難，不妨多加嘗試，盡情地享受裝飾樂趣。

 訣竅 1 擺在自己覺得最理想的地方

擺在最想
擺放的地方，
就是最理想的作法！

配合室內擺飾、擺放場
所色彩，也十分有趣。
【植物】
青鎖龍屬・康兔子（P.42）

無論平面或立體，
都呈三角形配置。

除了植物之外，連搭配的室內擺飾也呈三角形配置。

【植物】蘆薈屬 · 鮮豔蘆薈（P.58）／
擬石蓮花屬 · 千羽鶴綴化（P.60）／水牛角屬 · 黑龍角（P.81）　　※書中刊載植物名順序皆為左至右。

【 平面圖 】

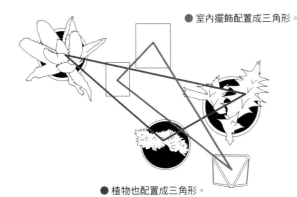

● 室內擺飾配置成三角形。

● 植物也配置成三角形。

【 立面圖 】

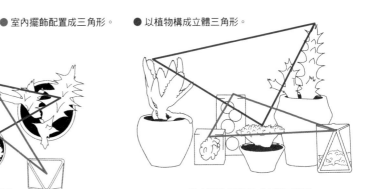

● 以植物構成立體三角形。

● 以室內擺飾構成立體三角形。

訣竅 3 營造縱深感

> 盆栽前後
> 錯開配置，
> 形成立體空間。

盆栽前後錯開配置，
營造生動活潑視覺效果。
【植物】
天錦章屬 ・ 御所錦（P.86）
／蘆薈屬 ・ 黑魔殿（P.45）

訣竅 4 營造律動感

> 以株高、間隔
> 營造律動感。
> 構成賞心悅目、
> 富於變化的配置。

精心挑選不同顏色、形狀的植物與花盆。
【植物】大戟屬 姬麒麟（P.74）／大戟屬 ・ 斷刺麒麟（P.55）／
天錦章屬 ・ 梅花鹿天章（P.72）／青鎖龍屬 若綠綴化（P.61）

訣竅 5　設定主題、述說動人故事

針對花盆與
植物意象等,
設定主題,述說動人故事,
突顯整體印象。

統一採用和風質感的花盆。
【植物】
景天屬　京鹿之子錦（P.62）／
天錦章屬 ・ 朱唇石（P.84）／
青鎖龍屬 ・ 巴（P.82）／
青鎖龍屬 ・ 達摩綠塔（P.50）／
擬石蓮花屬 ・ 千羽鶴綴化（P.60）

統一採用白色圓形花盆。
【植物】
乳突球屬 ・ 高砂石化（P.47）／
青鎖龍屬 ・ 玉椿（P.43）／
石蓮屬 ・ 雲南石蓮（P.89）／
露子花屬 ・ 史帕曼（P.76）／
大戟屬 ・ 法利達（P.63）

收集俯瞰欣賞的植物。
【植物】
上：蘆薈屬 ・ 黑魔殿（P.45）／
苦瓜掌屬 ・ 蘋果蘿蘑（P.52）
下：尤伯球屬 ・ 櫛極丸（P.64）／
天錦章屬 ・ 咖啡豆天章（P.73）／
青鎖龍屬 ・ 康兔子（P.42）

設定主題要點

● 統一採用外觀相似的植物。

● 球狀仙人掌／柱狀仙人掌／
三角柱狀仙人掌,統一採用其中一種。

● 統一採用相同高度的花盆,
植物則高度不同。

Part 2

深入了解植物以打造理想的栽培環境

想要開始栽培植物，

或曾經栽培過植物，可惜過程並不順利……

有過這些經驗的人，前往園藝店或瀏覽網路商店前，

希望你對植物能夠有更深一層的了解。

深入地了解對植物而言，什麼樣的環境，才是最舒適、理想的生長環境。

植物確實可以當作裝飾，用於美化居家環境，

但植物絕對不是「物品」，而是不斷地生長的「生物」。

人們需要舒適的生活環境，

植物也一樣，需要適合生長的環境。

迎接植物進入生活環境之際，

深入探討居家環境是否適合植物生長？

能不能打造一個適合植物生長的環境，至為重要。

適合植物生長的五大環境要素是：

風、光（陽光）、水、溫度、濕度。

植物絕對不可或缺的五大環境要素

風　　光（陽光）　　水　　溫度　　濕度

打造通風良好的理想栽培環境

室內栽培植物的第一個考量重點是風（通風）。

植物生長過程中一定會發生的兩種現象是「蒸散作用」與「光合作用」。水分以水蒸氣形態，經由植物體（以葉為主）散失的現象稱為「蒸散作用」。植物吸收陽光，製造生長必要養分的現象稱為「光合作用」。

風與「蒸散作用」息息相關。

植物於蒸散過程中，利用排出體內水分的作用，促進根部吸收水分。植物充分地吹風，就會促進蒸散作用，大大提升根部的吸水量。反之，植物吹不到風，根部就無法吸收水分。

其次，栽培環境無風，植物周邊空氣就不流通，植株容易罹患葉蟎、介殼蟲等病蟲害。因此栽培植物時，必須適度地促進通風。室內栽培植物不同於室外，不會因為溫度差、氣壓差，自然地呈現出空氣流通（風）狀態，在封閉的空間，基本上處於無風狀態的室內環境栽培植物時，必須設法打造一個能夠讓植物吹風的環境。

外界自然風容易吹入的窗邊，是室內栽培植物的最理想場所。植物無法擺放於這樣的場所時，不妨利用空氣循環扇、電風扇等，從植物的各個方向，吹送輕柔微風。

但加強通風時，絕對要避免冷氣強風直接吹向植物。因為冷氣強風直吹，可能導致植物表面太乾燥而枯萎。

植物即使擺放於空氣很流通的窗邊，吹風程度還是無法像室外栽培那麼地充分。因此最好能早晚打開窗戶10分鐘，使室內空氣更流通，或2至3天移往室外陽台、露台充分地吹風，以減輕植物於室內栽培過程中所累積的壓力。

通風良好的理想栽培環境

最理想的是通風良好的窗邊。

無法充分地促進通風時，
設置空氣循環扇等設備。

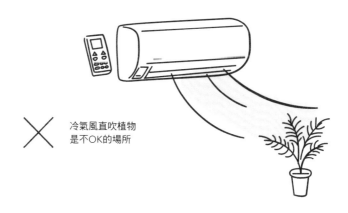

冷氣風直吹植物
是不OK的場所

Point

• 「風」是植物生長不可或缺的。

• 室內栽培植物以通風良好的窗邊最理想。

• 設置空氣循環扇等改善環境，由四面八方吹送柔和微風。

打造光線良好的理想栽培環境

重要性與風不相上下的是「光（陽光）」。

前述章節中曾談到光合作用，植物必須吸收陽光，才能夠製造生長必要養分，植株才不會枯萎。以植物裝飾居家環境時，必須將植物擺在能夠充分地照射陽光的場所。

最理想的場所是中午之前，植物能夠照射到柔和陽光，面向東方至東南方的窗邊。

相對地，中午至傍晚的陽光，對植物可能太強烈，需特別留意。尤其是3月左右，或夏季的強烈陽光，直接照射植物時，容易引發葉燒或植株太乾燥而枯萎等情形，應盡量避免。

實在沒辦法，只能擺放於這種場所時，在陽光強烈照射時段，請將植物移往遮蔭處，或設置遮陽篷等，以緩和陽光照射強度。

即便是中午之前照得到陽光的場所，也可能因為栽培植物種類不同，出現日照不足的情形。發現植物生長狀況不佳時，應儘早移往陽台等通風良好、日照充足的室外場所，讓植物進行作日光浴。

光線良好的理想栽培環境

中午之前能夠照射到柔和陽光的窗邊，是室內栽培植物的最理想場所。感覺植物失去活力時，請移往室外讓植物進行日光浴。

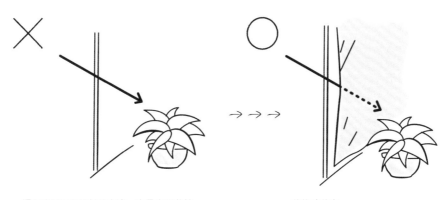

擺在強烈陽光照射的窗邊，容易出現葉燒現象，或植株太乾燥而枯萎等情形。

移往遮蔭處，或設置遮陽篷等設施。

•••••• column 05 ••••••

觀察植物

「打造最適合植物生長的環境」，「最適合」的說法因植物種類、室內環境而不同，不能夠一概而論。栽種植物時，必須仔細地觀察該植物，確認自家環境是不是良好的栽培環境。

葉色變淡、植株失去活力、罹患病蟲害，出現這些情形時，可能是風、光，或接下來的單元中會說明的水、溫度、濕度等環境要素，不符合植物需求。定期觀察，就能夠從植物上清楚地掌握這些訊息。

每天觀察，接觸植物，從冒出新芽、長出花苞等，就能掌握植物的生長脈動，對於植物的喜愛之情也會越來越深厚。

正確澆水打造理想栽培環境

水也是植物生長過程中不可或缺的要素。室內不會下雨，室內植物需要靠人幫忙澆水。

「什麼時候給植物澆水比較好呢？」這是顧客來到店裡時經常會提到的問題。

還不熟悉澆水的人，確實很難掌握澆水的時機。事實上，澆水頻率因植物種類、擺飾場所、栽種用花盆大小而不同。要幾天澆一次水呢？這並沒有標準答案。

從「土壤表面狀態」就能夠判斷出澆水的時機。盆土表面乾燥、接觸盆土感覺很鬆散，就是需要澆水的訊號。拿起盆栽掂掂重量，感覺很輕也是澆水的好時機。

基本原則是「以噴壺充分地澆水」＋「朝著整個植株澆水」。「充分地澆水」是指澆水到感覺「水流到花盆的各個角落」。一次澆水2至3回，至盆底孔出水，即表示水已經確實地澆透盆土。也有人以噴霧器澆水，使用噴霧器澆濕葉片補充水分確實有效，但無法確實地澆透盆土。

「朝著整個植株澆水」具有沖掉附著葉面灰塵等作用。葉面附著灰塵時，除了外觀上不好看之外，也是植物罹患病蟲害的原因之一。

澆水之後，等盆底孔不再出水，即可將盆栽放入水盤，移回室內。水盤積水時則隨時倒掉，若不處理可能導致植物罹患根腐病與病蟲害。

「避免過度澆水」也很重要。盆土經常處於積水狀態，根部無法呼吸，容易出現植株弱化現象，嚴重時導致根部腐爛。充分地澆水之後，至盆土表面呈乾燥狀態為止，請審慎地拿捏澆水的間隔時間。

● 以盆土表面狀態為大致基準，判斷澆水的時機

缺水呈現乾燥狀態。
為澆水的時機。

澆水之後狀態，
適度濕潤狀態。

水分過多太潮濕，
必須減少澆水。

澆水的基本原則與巧思

噴出水流太強勁時，
翻轉噴頭，調節水流。

澆水的基本原則是
一次2至3回。

擺在陽台上或浴室裡，
充分地澆水。

Point

- 盆土表面乾燥時，就是澆水的好時機。
- 充分地澆水，基本上一次2至3回。
- 澆水至確實澆透整個盆土。
- 過度澆水容易出現植物弱化現象，需留意。

調節溫度與濕度

植物種類不同，喜好溫度也不一樣。本書植物圖鑑中刊載的大部分植物，比較喜歡春、秋季節的氣候，亦即喜歡白天氣溫升高，早晚溫度確實下降，日夜溫差較大的氣候。初夏（6月）期間氣候舒爽，整體而言，是栽培植物最容易維護管理（不需要在意天氣太冷或太熱）的季節。

● 溫 度

若硬要比較，植物的耐暑熱能力優於耐寒能力。植物能夠承受的低溫程度約5至10℃。現代化居家環境的室內溫度很少低於這個溫度，因此不需要太在意。

冬季期間，請將不耐寒冷的植物移入室內照得到陽光的溫暖場所。入夜後，窗邊溫度下降，植物最好遠離窗邊，記得移往比較溫暖場所。

● 濕 度

關於濕度，並無確切數值可供依循，重點是避免整個植株太乾燥。

除了容易下雪地區之外，冬季期間室外空氣十分乾燥，即便於室內栽培，植物還是處於容易乾燥的環境。其次，夏季期間悶熱濕氣重，但冷氣吹出的冷風還是很乾燥，直接吹送，植物也會呈現乾燥狀態。

環境太乾燥的時期，以噴霧器或加濕器調節濕度。

Point

- 最低溫度以5至10℃為大致基準。
- 最適溫度因植物種類而不同，通常，蘆薈、仙人掌的耐寒能力比較強。
- 濕度方面並無確切數值可供依循。需避免葉或植株太乾燥。

了解植物的生長期

● 生長期與休眠期

植物具有各自的生長期與休眠期，度過獨特的生命週期。

生長期是指植物生長活力最旺盛的時期。植物邁入生長期之後，會大量地吸收水分與養分，因此需要逐漸增加日常澆水量與肥料施用量。

休眠期則是指植物停止生長的時期。度過生長期之後，植物的生長速度漸漸趨緩，準備邁入停止生長的休眠期。休眠期植物幾乎不需要水分與養分，如同生長期，繼續澆水與施肥，可能成為植物弱化原因，需特別留意。

由此可見，植物邁入生長期與休眠期之後，日常維護管理需要作出重大的改變。希望與植物更長久相伴互動，必須深入地了解自家植物的生命週期，清楚自己栽培的植物是如何度過生長期與休眠期。

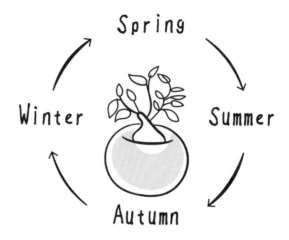

● 多肉植物的生長期

本書中介紹的植物以「多肉植物」佔絕大多數。多肉植物的生長期為春季與秋季，可依照品種大至分成「夏型種」、「冬型種」（關於Part3「推薦室內栽培裝飾的植物圖鑑」中刊載的植物類型，圖鑑部分是以圖示呈現）。除了增加澆水與肥料施用量之外，P.23介紹的插葉、扦插、分株等作業，基本上比較適合於各類植物的生長期進行。以下大致解說植物的生命週期。

夏 夏型種

春、秋季節，溫差較大時期旺盛生長。春季至秋季期間盆土表面乾燥時充分地澆水。但有些品種邁入夏季需減少澆水。秋末，白天氣溫下降時期，生命活動鈍化，冬季進入休眠，一到了春天，氣候回暖，植株生長越來越旺盛。
適合生長溫度約20至30℃。夏型種耐冬季寒冷能力較弱，需要研擬防寒對策。

龍舌蘭屬‧嚴龍藍球
（P.46）等。

冬 冬型種

此型也是春、秋季節旺盛生長。這是冬季也生長，夏季休眠類型的多肉植物。冬季期間也需要澆水。適合生長溫度約5至20℃。室內栽培絕對沒問題，但不耐霜，冬季期間，白天移出，擺在陽台，留意天氣變化，避免天亮時下過霜。

青鎖龍屬‧托尼
（P.68）等。

•••••• column 06 ••••••

發現植物徒長時

相較於健康、正常的生長狀態，植物莖部、枝條長得更長，節距更大的現象稱為「徒長」。
徒長的主要原因是日照不足、過度澆水。其次，花盆排水不良、肥料施用過度，也可能成為植物徒長的原因。仔細地觀察植物狀態，調節日照、風、水量，即可防止徒長。此外，植物徒長即表示維護管理環境不佳，繼續在這樣的環境下栽培，植物也容易罹患病蟲害。
植物一旦出現徒長現象，徒長部位再也無法恢復正常。因植物種類而不同，出現徒長現象之後，有些植物需要由植株基部剃頭，再由光頭狀態重新栽培。

Part 3

小巧株姿就漂亮耀眼
推薦室內栽培裝飾的植物圖鑑

圖鑑中收集了41種小巧株姿就魅力十足的植物。
介紹的植物生長速度比較緩慢，
都是能夠長久維持小巧姿態盡情欣賞的植物。

圖鑑說明

【刊載資訊】

樹種名▶名稱＋學名

基本情報▶科屬、特徵、生長狀況等

鑑賞 Point ▶該植物最富魅力，最值得欣賞的部分。

花盆 Selection ▶選擇圖鑑中刊載花盆的理由

花盆尺寸▶花盆外徑 φ（cm）× 高 h（cm）｜盆底至植株最上方葉片的高度 H（cm）

【圖示範例如下】

生育型：夏＝夏型種　冬＝冬型種

生長型：↔＝向外擴散生長　↕＝向上生長

繁殖方式：Y＝扦插　◑＝插葉　W＝分株

※未加圖示＝其他。

【刊載植物的理想生長環境大同小異】

風：風＝通風良好的場所（所有的植物都討厭根部悶熱的環境）

光：植物照得到直射陽光的場所。

水：盆土表面乾燥是澆水好時機。

※「通風良好、日照充足，溫暖濕潤的環境」，就是維護照料植物的基本原則。
其他要點是配合植物的特性，打造理想的栽培環境，選擇栽培場所，正確地維護管理。適合植物生長的環境請參照Part 2。

青鎖龍屬・康兔子
· · · · · ·

Crassula namaquensis ssp. comptonii

景天科青鎖龍屬。粒狀葉密集群生的小型青鎖龍屬多肉植物。布滿葉面的粉狀纖毛也十分可愛。春季期間綻放黃色小花。植株基部陸續長出子株，植株向外擴散生長。相較於普及種多肉植物，生長速度略微緩慢。

不耐高溫潮濕環境，最討厭悶熱。夏季移往通風良好的半遮蔭場所，維持感覺斷水狀態，悉心維護照料。

夏 ↔ ☀

青鎖龍屬的維護管理要點

室內栽培時，置於日照充足、通風良好的場所。
青鎖龍屬討厭日本夏季般高溫潮濕的環境。
夏季期間擺在適度遮光，空氣流通的涼爽半遮蔭場所。維持感覺斷水狀態，悉心維護照料，栽培不困難。
春、秋季節擺在通風良好、日照充足的場所，盆土表面乾燥時澆水。
冬季寒冷需留意。

鑑賞 Point **1**

鑑賞 Point **2**

俯瞰欣賞株姿。

群生粒狀葉。

花盆 Selection　　植株小巧，避免盆器太醒目，挑選外形素雅、小巧（低矮、直徑小）花盆，突顯植物。　[花盆規格 φ6×h4│H7]

青鎖龍屬・玉椿

Crassula barklyi

景天科青鎖龍屬。葉緊密層疊長成柱狀。外形逗趣狀似吉祥物，讓人不由地想要幫它取個名字。植株向上生長，由植株基部長出子株。生長速度緩慢。

耐暑熱、悶熱能力較弱，具有青鎖龍屬的典型特徵。維護照料方法請一併參照「青鎖龍屬的維護管理要點」（P.42）。

鑑賞 Point

緊密層疊生長的葉。

花盆 Selection　　　選擇低矮小花盆，突顯小巧個體。小型花器的使用為期間限定。但使用小型花器，這是入手小巧植株時才能夠享受到的樂趣。　　[花盆規格　φ7.5 × h 4｜H7]

青鎖龍屬・旋塔

••••••
Crassula 'Estagnol'

景天科青鎖龍屬。葉層層疊疊生長，植株長成螺旋狀，充滿造形美，特徵鮮明。
無論側面或俯瞰欣賞都十分有趣。由植株的中途、基部長出子株，生長速度與普
及種多肉植物相當。
耐暑熱能力略強於康兔子（P.42），但基本上這是耐暑熱、悶熱能力較弱的青鎖
龍屬多肉植物。夏季置於涼爽環境，加以斷水，栽培並不困難。但過度斷水時，
根部易損傷，生長期植株生長速度變慢。盆土乾燥呈現鬆散狀態數日後，於傍晚
比較涼爽的時段，少量澆水維持根部狀態即可。維護照料方法請一併參照「青鎖
龍屬的維護管理要點」（P.42）。 夏 🡇 🌿

鑑賞 Point

植物創造，宛如藝術品的株姿。

花盆 Selection 　　選擇無機質冷硬感濃厚的花盆，突顯自由生長，
　　　　　　　　　生動活潑的草姿。 ［花盆規格 φ7×h5｜H9］

蘆薈屬・黑魔殿

Aloe erinacea

刺葉樹科蘆薈屬。以粉色系葉最具特徵。新芽表面布滿半透明棘刺。柔美草姿大大地降低蘆薈屬植物的強韌意象。陸續長葉長成大株，植株向上長成叢生狀，由植株基部長出子株。生長速度非常緩慢。

蘆薈屬的維護管理要點

室內栽培時，置於日照充足、通風良好的場所。
春、秋季節，盆土表面乾燥時充分地澆水。
討厭根部悶熱，夏季於傍晚比較涼爽時段澆水。置於空氣流通的涼爽場所。
冬季適度控水。耐寒能力較強的品種，置於室外維護照料亦可。

鑑賞 Point

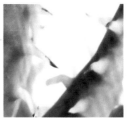

粉色系葉、布滿新芽表面的半透明棘刺。

花盆 Selection　　配合植株的淡雅色澤，挑選顏色十分協調的花盆。栽培植株低矮的植物時，搭配重心較低、盆身較淺的花盆，更加充滿協調美感。　　[花盆規格　φ10 × h7｜H13]

龍舌蘭屬・嚴龍藍球

Agave titanota 'Black & Blue'

龍舌蘭科龍舌蘭屬。具有厚實葉片與強韌尖銳棘刺。草姿充滿存在感，小巧植株就深具觀賞價值。陸續長葉，漸漸長成大株。盆植栽培時，生長速度緩慢。圖中植株栽種時僅無名指大小，悉心栽培3年之後才長成右圖中大小。地植栽培時，植株快速成長。日本春、秋季節般，白天與早晚溫差較大時期，植株旺盛生長。夏季與冬季休眠。

溫差是植株生長的最大關鍵。夏季期間移往溫室等，白天溫度高達50℃，早晚下降至30℃，日夜溫差顯著的場所，植株也會生長。於一般室內環境栽培時，夏季期間斷水，栽培也不困難。冬季期間也進行斷水比較好。

鑑賞 Point

在帶藍色葉襯托下，顯得更加強韌尖銳的棘刺。

花盆 Selection　　質地粗糙的花盆。
搭配類似植物質感與色調的盆器。　　[花盆規格 φ7×h6│H10]

乳突球屬・高砂石化

● ● ● ● ● ●

mammillaria bocasana cv. Fred

仙人掌科乳突球屬。小巧植株就monst（石化）※特徵顯著，深具觀賞價值。植株隨著成長而更有特色。由植株基部長出子株，不斷地增生擴大生長範圍。相較於普及種仙人掌科植物，生長速度緩慢。

夏季討厭根部悶熱，移往通風良好的涼爽半遮蔭場所維護照料。春、秋季節盆土乾燥時充分地澆水，夏、冬季進行控水。

※ 突變而成長點扁平，長成小石子堆積般獨特株姿。

仙人掌屬的維護管理要點

室內栽培時，置於日照充足、通風良好場所。
春、秋季節盆土表面乾燥時充分地澆水。
討厭根部悶熱，夏季期間於傍晚比較涼爽時段澆水。
置於空氣流通的涼爽場所。冬季期間適度控水。

鑑賞 Point

石化植株的群生姿態。

花盆 Selection　　選擇低矮花盆，突顯低矮植株爆盆生長的風采。　　[花盆規格　φ 12 × h6｜H10]

仙人掌屬・龜甲團扇

Opuntia zebrina f. reticulata

仙人掌科仙人掌屬。以編織圖案般獨特龜甲模樣最具特徵的仙人掌。充滿獨特存在感，擺放一盆就可以構成室內裝飾重點。由葉的最頂端長出子株，一段接著一段往上生長。生長速度與普及種仙人掌相當。

進行控水。維護照料方法請一併參照「仙人掌屬的維護管理要點」（P.47）。

鑑賞 Point

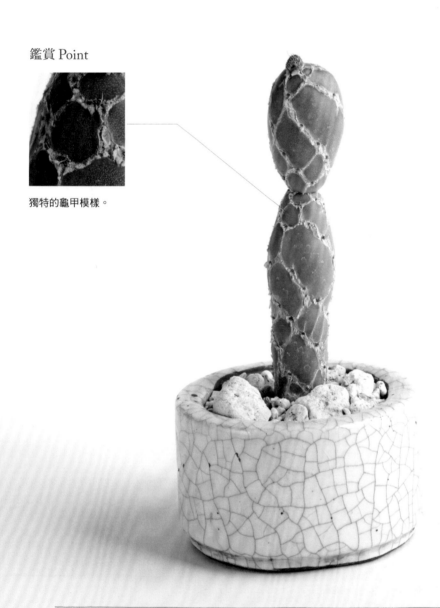

獨特的龜甲模樣。

花盆 Selection　　　刻意挑選盆身低矮的花盆，強調株高，突顯植物。花盆表面的貫入紋（釉裂），像極了仙人掌表皮紋理，趣味十足。　　[花盆規格　φ8×h5｜H18]

大戟屬・鬼棲閣

Euphorbia guilliauminiana

大戟科大戟屬。像極了聳立在沙漠中的仙人掌，草姿
低調卻不容忽視的多肉植物。挺拔主幹頂端分枝。相
較於普及種多肉植物，生長速度非常緩慢。
維護照料方法請參照「大戟屬的維護管理要點」。

鑑賞 Point

主幹分枝，枝條頂端長葉，
十分可愛。

大戟屬的維護管理要點

室內栽培時，邁入高溫潮濕的夏
季，維持感覺控水狀態。但根部太
乾燥容易損傷，下一個生長期的植
株生長趨緩。盆土乾燥呈現鬆散狀
態數日後，於日落之後比較涼爽時
段，少量澆水維持根部狀態即可。
置於日照充足、通風良好的場所。
春、秋季節盆土表面乾燥時充分地
澆水。
根部討厭悶熱，夏季期間於傍晚比
較涼爽時段澆水，置於空氣流通的
涼爽場所。
冬季適度地進行控水。

大戟屬維護管理上需留意的是移植
改種。移植改種時根部損傷就容易
腐爛。拔出苗株一星期左右，置於
半遮蔭處，晾乾根部才種入花盆，
成功機率高。
大戟屬植物的葉片、枝條釋出的樹
液具有毒性，接觸皮膚可能造成過
敏，日常維護照料、移植改種時需
留意。

花盆 Selection
希望氣勢不亞於象徵樹般挺拔
草姿，選擇獎杯般存在感十足
的鍍銀花盆。

[花盆規格 φ7 × h7 | H16]

青鎖龍屬・達摩綠塔
• • • • • •
Crassula pyramidalis var. compactus

景天科青鎖龍屬。遠處看是凹凸不平一大塊，捧在手掌心仔細看，發現那是薄薄葉片層層疊疊的植株，一定會感到震撼不已。植株向上生長，陸續長出子株，生長速度緩慢。葉片非常薄，需留意，適合插葉繁殖，但需要小心處理。討厭根部悶熱，梅雨季節、夏季期間澆水需留意。維護照料方法請一併參照「青鎖龍屬的維護管理要點」（P.42）。

鑑賞 Point

從葉片縫隙間長出的植株。

花盆 Selection　　選擇盆身較淺的小花盆，突顯還十分小巧的個體。降低花盆的存在感，精心挑選花盆避免搶了植物的風采。　　[花盆規格　φ7×h3｜H7]

油點百合屬・豹紋紅寶（P.54）／仙人掌屬・龜甲團扇（P.48）

苦瓜掌屬・蘋果蘿藦

Echidnopsis malum

蘿藦科苦瓜掌屬。匍匐地面生長株姿，令人印象深刻。初夏期間綻放蘋果形狀花朵，十分可愛。擺在低矮場所，俯瞰欣賞趣味十足。生長速度普通。

最討厭根部悶熱，夏季擺在通風良好的半遮蔭場所維護照料。植株旺盛生長，無法看到盆土表面狀態，難以掌握澆水時機，可整盆拿在手上，掂掂重量即可判斷。牢牢記住澆水之後的盆栽重量，感覺變輕時，就表示需要澆水了。

鑑賞 Point **1**

葉溢出花盆似的爆盆生長株姿。

鑑賞 Point **2**

蘋果形狀的花。

花盆 Selection　　枝條自由地伸展，植株爆盆生長，充分思考成長樣貌，搭配手工捏製，形狀自然隨性的花盆。　[花盆規格　φ10×h6｜H12]

大戟屬・貴青玉

Euphorbia meloformis

大戟科大戟屬。紋理模樣十分漂亮。學名「meloformis」，意思為「洋香瓜形狀」。一開始長得又圓又胖，隨著植株成長，漸漸地向上生長。相較於普及種多肉植物，生長速度緩慢。植株長出子株即可繁殖。

日本夏季般濕度較高時期，進行控水，置於通風良好的涼爽場所。維護照料方法請一併參照「大戟屬的維護管理要點」（P.49）。

鑑賞 Point **1**

細小花朵。

鑑賞 Point **2**

表皮模樣。

花盆 Selection

選擇水泥材質般厚重花盆。除了栽培大戟屬**貴青玉**之外，水泥材質的花盆也適合搭配感覺雍容大氣、肥胖圓潤的多肉植物。

[花盆規格 φ 10 × h 10｜H22]

油點百合屬・豹紋紅寶
• • • • • •
Ledebouria socialis 'Violacca'

天門冬科油點百合屬。葉模樣十分漂亮的球根多肉植物。春、秋季節開花。
冬季接觸寒冷空氣，落葉留下球根，模樣夢幻，趣味十足。春、秋季節陸續
由親株球根長出子株，向外擴散似地增長。生長速度與普及種多肉植物相
當。
落葉為止持續澆水，落葉之後斷水。但室內栽培時，邁入冬季之後，植株上
可能還長著葉，那就需要像平常一樣繼續澆水。

夏 ↔ 🌿

鑑賞 Point 1

有漂亮豹紋的葉。

鑑賞 Point 2

冬季落葉依然漂亮的球根。

花盆 Selection　　　配合葉面模樣、幹基顏色等選擇花盆。使用盆身低矮花盆，
營造向上伸展的躍動感。　　[花盆規格 φ6×h4｜H9]

大戟屬・斷刺麒麟

Euphorbia debilispina

大戟科大戟屬。接連長出帶圓潤感的顆粒狀子株，株姿可愛迷人。向上長勢較差，但容易長出子株，不進行分株，耐心栽培就會長成氣勢磅礴的群生狀。生長速度緩慢。單獨栽種1株，經過五年，終於栽培出圖中接連長出飽滿子株的植株。

維護照料方法請一併參照「大戟屬的維護管理要點」（P.49）。

🔵夏 ⬇ 🌱

鑑賞 Point
接連長出的飽滿顆粒狀了株。

花盆 Selection　　配合植物的可愛模樣，選擇形狀可愛的花盆。
不針對形狀，著重的是整體氛圍。　　[花盆規格 φ 8 × h7 | H13]

大戟屬・飛龍

Euphorbia stellata

大戟科大戟屬。粗壯塊根與自由伸展的葉，形成強烈對比，趣味十足。適合擺飾
於比較寬敞的空間，盡情欣賞奔放生長的葉姿。葉不斷地長出，生長速度快。圖
中植株是以1片葉進行插葉繁殖，發根之後長成塊根，經過多年栽培的成果。

飛龍是大戟屬中耐悶熱能力最弱，最容易腐爛的種類。維護照料方法請一併參照
「大戟屬的維護管理要點」（P.49）。

夏 ⬌ ◗

鑑賞 Point **1**

奔放生長的葉。

鑑賞 Point **2**

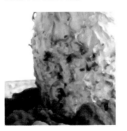

粗壯塊根。

花盆 Selection

花盆Selection 希望展現塊根的氣
勢，選擇寬口花盆。葉往花盆外伸
展，更加生動活潑。

[花盆規格 φ 10 × h 5 | H13]

蘆薈屬・鮮豔蘆薈
······
Aloe laeta

刺葉樹科蘆薈屬。表皮白皙漂亮的蘆薈。即使是充滿強韌形象的蘆薈，植株幼小時期，還是讓人覺得好可愛。葉呈螺旋狀般陸續長出，植株向上生長，長成叢生狀。由植株基部長出子株，相較於一般叢生型蘆薈，生長速度非常緩慢。不耐日本夏季般高溫潮濕環境，根部討厭悶熱。夏季期間於日落之後澆水，栽培並不困難。耐寒能力強。維護照料方法請一併參照「蘆薈屬的維護管理要點」（P.45）。

鑑賞 Point

帶圓潤感的葉與紅色棘刺。

花盆 Selection
搭配不同的花盆，就能構成柔美、陽剛、素雅、華麗等截然不同的氛圍。這回選擇水泥材質的花盆，希望突顯蘆薈的強韌形象。

[花盆規格 φ9×h8｜H17]

washroom

大戟屬・鬼棲閣（P.49）／青鎖龍屬・方塔（P.80）／
翡翠塔屬・蒼龍閣（P.87）

擬石蓮花屬・千羽鶴綴化
······
Echeveria secunda f. cristata

景天科擬石蓮花屬。圖中是孩童單手就能夠拿起的小型盆栽。小巧植株的綴化
※姿態就存在感十足。不規則地自由擴散生長。生長點多又分散，因此相較於
一般擬石蓮花屬多肉植物，生長速度更緩慢。擺在日照充足、通風良好的場
所。

春、秋季節盆土表面乾燥時充分地澆水。梅雨季節至夏季、冬季進行控水。澆
水時機以土壤乾燥呈現鬆散狀態一星期左右為大致基準。　　　　　　夏 🌱

※ 位於植物莖部頂端的生長點突變之後，呈現帶狀並排生長的現象。

鑑賞 Point

不規則地擴散生長的模樣。

花盆 Selection　　配合植物草姿，選擇豬口杯形狀的花盆。花盆色調也一樣，配合略
　　　　　　　　帶紅色的植物表皮顏色選搭。　　[花盆規格 φ7 × h4｜H8]

青鎖龍屬 · 若綠綴化

· · · · · ·

Crassula muscosa monst

景天科青鎖龍屬。以綴化之後自由奔放生長的樣貌最具特徵。綴化趣味在於該植物的特性變化。不會栽培出相同的樣貌，年復一年，植物外觀不斷地變化，甚至呈現出藝術品、創意擺飾般氛圍。相較於不綴化種類，生長速度緩慢。

討厭根部悶熱，夏天擺在通風良好的場所照顧。維護照料方法請一併參照「青鎖龍屬的維護管理要點」（P.42）。 夏 🌱

鑑賞 Point

自由擴散生長的綴化葉。

花盆 Selection
充分思考綴化之後擴散生長的樣貌，選擇窄口花盆。營造植株爆盆生長的意象。

[花盆規格 φ6 × h8 ｜ H18]

景天屬・京鹿之子錦

Lenophyllum guttatum f. variegata

景天科玻璃景天屬。葉的基底模樣特徵鮮明。暗沉淺綠色葉，分布著紅褐色斑紋。配色罕見的多肉植物。由植株基部長出子株，葉層疊向上生長。植株幼小時期生長速度不快，成長至圖中大小（插葉成活之後栽培2年左右），生長速度加快。無斑紋模樣品種繁殖能力比較強。

維護照料不需要特別留意，置於通風良好、日照充足場所，盆土表面乾燥時澆水。　　　　　　　　　　　　　　　　　　　夏 🌱 ⬤ ✋

鑑賞 Point

葉的基底模樣。

花盆 Selection　　　刻意選擇不平衡協調的花盆。
強調植物的趣味性。　　［花盆規格 φ9×h4｜H10］

大戟屬・法利達

Euphorbia valida

大戟科大戟屬。以抽出花莖,綻放花朵之後,宛如盛裝打扮的株姿最具特徵的多肉植物。仔細觀察就會發現,基底模樣也十分漂亮。無論單株或群生都賞心悅目。相較於普及種多肉植物,生長速度緩慢。

討厭根部悶熱,夏季維持感覺控水狀態,春、秋季充分地澆水。維護照料方法請一併參照「大戟屬的維護管理要點」(P.49)。

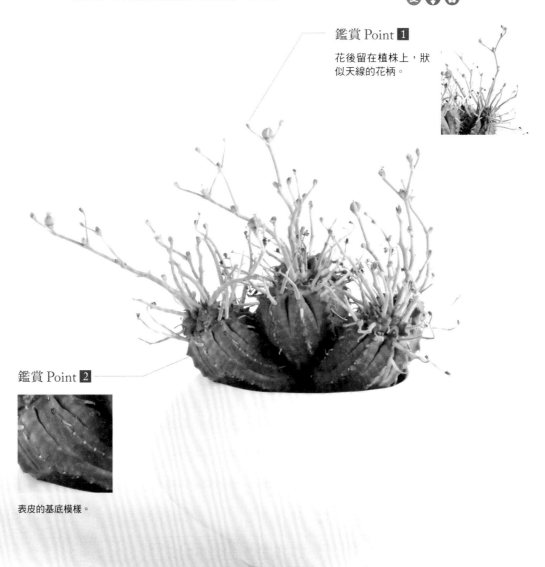

鑑賞 Point **1**

花後留在植株上,狀似天線的花柄。

鑑賞 Point **2**

表皮的基底模樣。

花盆 Selection　選擇外形簡單素雅,盆身低矮的花盆。與狂野率性生長,生動活潑的草姿形成強烈對比,突顯植物特色。　[花盆規格 φ11×h7|H15](至花柄頂端的高度)

尤伯球屬・櫛極丸

Uebelmannia pectinifera

仙人掌科尤伯球屬。漆黑表皮襯托白色棘刺，構成幾何學模樣的仙人掌。擺在適合俯視鑑賞的場所，更方便欣賞。球體渾圓飽滿，仙人掌特徵鮮明。自根苗※不容易長大，進行嫁接促進生長的情形極為常見。

維護照料方法請參照「仙人掌屬的維護管理要點」（P.47）。

夏

※ 不以扦插方式繁殖，以植物本身的根培育的苗。

鑑賞 Point **1**

精心雕琢般自然美感。

鑑賞 Point **2**

整齊排列的漂亮棘刺。

花盆 Selection　　　配合球體形狀、色澤，選擇花盆，營造整體感。　　　[花盆規格　φ8×h6｜H7.5]

蘆薈屬・女王錦

Aloe parvula

阿福花科蘆薈屬。長著細葉的小型蘆薈。
植株成長茁壯，依然充滿著纖細氛圍。春
季期間綻放橘紅色花朵。生長過程中陸續
長葉，由植株基部長出子株，株數不多，
長葉速度緩慢，需要花時間耐心栽培，才
會長成大株。

耐寒能力較強，但不耐暑熱與悶熱，夏季
管理需留意。維護照料方法請一併參照
「蘆薈屬的維護管理要點」（P.45）。

鑑賞 Point

線條柔美漂亮的葉。

無花狀態。

花盆 Selection

配合葉的漂亮線條，選擇充滿
纖細柔美意象的花盆。

[花盆規格　φ 9 × h9｜H15]

bench

前排：尤伯球屬・櫛極丸（P.64）
／伽藍菜屬・福兔耳變種雪人（P.91）
／青鎖龍屬・玉椿（P.43）
後排：大戟屬・貴青玉（P.53）／
天錦章屬・翠綠石（P.85）

上：蘆薈屬・黑魔殿（P.45）／
乳突球屬・高砂石化（P.47）／
苦瓜掌屬・蘋果蘿藦（P.52）
中：龍舌蘭屬・嚴龍藍球（P.46）
／尤伯球屬・櫛極丸（P.64）
天錦章屬・咖啡豆天章（P.73）／
青鎖龍屬・康兔子（P.42）
下：石蓮屬・雲南石蓮（P.89）／
露子花屬・史帕曼（P.76）

棒槌樹屬・象牙宮
......
Pachypodium gracilius

夾竹桃科棒槌樹屬。雍容躺臥般株姿，像極了荷馬臀部的塊根，十分可愛。春季
綻放黃色花朵。枝條向上生長，塊根越長越粗壯。相較於普及種棒槌樹屬塊根植
物，生長速度緩慢。

喜愛日照，一年四季置於日照充足場所。根部討厭悶熱，夏季維護照料需留意。

※ 塊根粗壯。

鑑賞 Point

各具特色的塊根部位。
尋找自己的最愛。

花盆 Selection　　選擇顏色素淨，盆身筆直的圓筒狀花盆，襯托圓潤粗壯株姿。　　[花盆規格 φ7×h8｜H14]

青鎖龍屬・托尼

Crassula alstonii

景天科青鎖龍屬。以多肉植物特色鮮明的可愛株姿最具特徵。在濕度較高的日本環境下栽培，容易出現植株略微向上徒長，枝條向外生長，不斷地冒出子株的現象。生長於氣候乾燥的自生地時，植株不容易向上生長，子株不斷地增生聚集，株姿近似球狀。相較於普及種多肉植物，生長速度緩慢。

如同其他青鎖龍屬多肉植物，討厭根部悶熱，容易腐爛，因此夏季需進行控水。維護照料方法請一併參照「青鎖龍屬的維護管理要點」（P.42）。

鑑賞 Point

外形奇特，狀似蠶豆的圓形葉。

花盆 Selection　　從充滿冰冷無機質感的立方體花盆大量湧出似的葉片，想像著未來姿態，搭配了這款花盆。　［花盆規格 □ 7* × h7 ｜ H10］ *7cm正方形

青鎖龍屬 sp IB12435

Crassula sp IB12435 NE of Zuurbron

景天科青鎖龍屬。布滿細葉的細緻纖毛就是亮點。照射到陽光就呈現出光漫射現象，看起來閃閃發光。成長過程中不斷地長葉，花後由植株基部長出子株。相較於普及種多肉植物，生長速度比較緩慢。

討厭夏季暑熱與悶熱。維護照料方法請一併參照「青鎖龍屬的維護管理要點」（P.42）。

鑑賞 Point

布滿細葉表面的纖毛。

花盆 Selection　配合柔美葉姿，選擇線條漂亮的花盆。
搭配白色花器，同時突顯葉的微妙顏色。　［花盆規格 φ7×h8｜H15］

琉桑屬・臭桑
......
Dorstenia foetida

桑科琉桑屬。邂逅臥姿般株姿的臭桑。再過一陣子，就能夠養成經常會看到，和下圖長得一模一樣的株姿。植株向上生長，塊根越來越粗壯。相較於普及種多肉植物，生長速度緩慢。

花朵像極了太陽，令人印象深刻。花後容易結種，不妨挑戰播種栽培實生種。

討厭根部悶熱，夏季進行控水，移往通風良好的涼爽場所。

夏 🌱 🌵

照片是栽培多年之後樣貌。塊根長粗壯。葉間藏著花。

花朵同時具有雄蕊與雌蕊，
珍貴罕見的兩性花。

鑑賞 Point

橫臥生長的株姿。

花盆 Selection
難得一見的草姿，因此搭配形狀很特別的花盆，
強調創意擺飾般迷人風采。

[花盆規格 φ 10 × h5｜H10]

天錦章屬・梅花鹿天章

Adromischus filicaulis 'Red Form'

景天科天錦章屬。以漂亮葉模樣與生長姿態最具特徵。精心搭配栽種植株的花盆與室內裝潢，希望營造出各式各樣的表情、個性。枝條向上伸展，落葉過程中陸續增長。生長速度與普及種多肉植物相當。

插葉就容易繁殖，不耐夏季高溫潮濕環境。

天錦章屬的維護管理要點

室內栽培時，置於日照充足、通風良好的場所。

天錦章屬討厭日本夏季般高溫潮濕的環境。

夏季期間需遮光，置於空氣流通的半遮蔭涼爽場所。維持感覺斷水狀態，維護照料並不困難。

春、秋期間置於通風良好、日照充足場所照料，盆土表面乾燥時澆水。冬季寒冷需留意。

鑑賞 Point

讓人聯想到蕈菇的形狀與葉模樣。

花盆 Selection
配合葉的基底模樣，選擇具有獨特質感、氛圍的花盆。

[花盆規格 φ7×h8｜H17]

天錦章屬・咖啡豆天章

· · · · · ·

Adromischus marianiae herrei 'Coffee Bean'

景天科天錦章屬。以狀似咖啡豆的葉最具特徵。外觀平淡無奇，但一聽到「咖啡豆」名稱，看起來就覺得好可愛。生長速度緩慢，不太會增長，由植株基部長出子株擴散生長。

不耐日本夏季氣候。維護照料方法請一併參照「天錦章屬的維護管理要點」（P.72）。

鑑賞 Point
狀似豆粒的茶褐色葉。

花盆 Selection　　　渾圓飽滿的葉與花盆。配合顏色與形狀，營造整體感。
搭配低矮花盆，突顯小巧個體。　　[花盆規格 φ8×h4｜H7]

大戟屬 · 姬麒麟
Euphorbia submamillaris

大戟科大戟屬。長相酷似仙人掌的多肉植物。即使是常見的普及種，成長之後特色會更加鮮明。植株向上生長，由植株的中途、基部長出子株。相較於其他大戟屬，生長速度快。

維護照料方法請參照「大戟屬的維護管理要點」（P.49）。

鑑賞 Point **1**

鮮紅棘刺。

鑑賞 Point **2**

由植株基部長出的子株。

花盆 Selection
生長速度比較快，考量及成長之後的草姿、份量感，未雨綢繆，選擇具有厚重感的花盆。

[花盆規格　φ9 × h9｜H20]

kitchen counter

大戟屬・姬麒麟（P.74）／大戟屬・斷刺麒麟
（P.55）／天錦章屬・梅花鹿天章（P.72）／青
鎖龍屬・若綠綴化（P.61）

sink

鳳尾蕉屬・美洲蘇鐵
（圖鑑未刊載）／
大戟屬・筒葉小花麒麟
（P.78、P.79）

露子花屬・史帕曼

Delosperma sphalmantoides

番杏科露子花屬。以細小葉密集生長，模樣可愛的株姿最具特徵。向外擴散生長，生長速度緩慢。

喜愛日照，置於一年四季陽光普照場所。但不耐夏季暑熱。夏季移往涼爽半遮蔭場所，避免日照不足，悉心照料。

鑑賞 Point

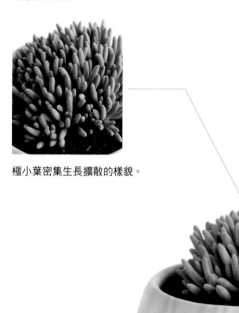

極小葉密集生長擴散的樣貌。

花盆 Selection　選擇盆身帶圓潤感，能夠溫柔呵護、襯托極小葉的花盆。
綠葉與白色花盆的強烈對比也是搭配重點。　[花盆規格 φ7×h5.5 | H6.5]

虎尾蘭屬 · 寶扇虎尾蘭
· · · · · ·
Sansevieria masoniana

天門冬科虎尾蘭屬。以長出大葉最具特徵。搭配圖中花盆是希望地下莖※長出子株，進行分株栽培。成長過程中植株陸續長葉，地下莖蔓延生長，增生子株。相較於其他虎尾蘭屬，生長速度略微緩慢。
喜愛日照，但置於半遮蔭場所維護照料亦可。

※ 地下莖肥大的植株。

一般常見的葉姿。

鑑賞 Point
像邁步往前走的根部。

花盆 Selection　　　選擇充滿冷硬無機質感的黑色花盆，營造生物停腳站在岩石的意象。
欣賞植物、花器與各自形狀上趣味。　　[花盆規格 φ 10 × h 7｜H20]

大戟屬・筒葉麒麟

（日文名：筒葉小花麒麟）

●●●●●●

Euphorbia cylindrifolia

大戟科大戟屬。以亂竄生長的肉質感枝條最具特徵。由側面欣賞塊根，俯瞰欣賞向外亂竄擴散生長的枝條，適合從不同的角度鑑賞，深具觀賞價值。春季期間綻放灰色小花也很可愛。生長速度緩慢。

維護照料方法請參照「大戟屬的維護管理要點」（P.49）。

鑑賞 Point **1**

灰色的小花。

鑑賞 Point **2**

氣勢磅礴的強大塊根。

鑑賞 Point 3

亂竄生長的肉質枝條。

花盆 Selection

選擇外形簡單素雅的花盆，與亂竄
生長的草姿形成強烈對比。以花盆
的「靜」突顯植物的「動」。

[花盆規格 φ 11 × h 7 ｜ H13]

青鎖龍屬・方塔

Crassula 'Kimnachii'

景天科青鎖龍屬。以葉層層疊疊地向上生長，狀似精雕工藝品的株姿最具特徵。
從英文名「Budda's temple（佛塔）」，對於方塔模樣就心領神會。葉層疊向上長
成植株。由植株的中途、基部長出子株。生長速度比較快。

如同其他青鎖龍屬品種，耐悶熱能力弱，夏季維護照料需留意。維護照料方法請
一併參照「青鎖龍屬的維護管理要點」（P.42）。

鑑賞 Point **2**

俯瞰欣賞。

鑑賞 Point **1**

宛如精雕工藝品的造形美。

花盆 Selection　　配合葉層層疊疊地向上生長的草姿，
搭配橫條模樣，略呈縱長型的花盆。　　[花盆規格 φ5×h6｜H15]

水牛角屬・黑龍角
······
Caralluma melanantha

夾竹桃科水牛角屬。尖銳棘刺般突出部位質地柔軟，模樣、形狀都十分獨特，不可思議的多肉植物。氣溫較低季節，肌理模樣形成強烈對比，深具觀賞價值。植株向上伸展似地生長，容易由枝條中途長出子株。生長速度快。

夏季、高溫潮濕時期，討厭根部悶熱，置於空氣流通的涼爽半遮蔭場所。

鑑賞 Point

由枝條長出的子株。

花盆 Selection　　選擇縱長形花盆，強調縱向生長的株姿。配合植株肌理模樣、氛圍，搭配表面布滿沙粒的花盆。　　[花盆規格 φ 8.5 × h 12 ｜ H23]

青鎖龍屬 · 巴
Caralluma hemisphaerica

景天科青鎖龍屬。像極了精心捏製的日式糕點生菓子的多肉植物。植株低矮，與其當作主角，不如當作配角反而更加充滿著存在感。春季綻放白色小花。過去常見的多肉植物，不知何時開始，已經從市面上消失了蹤影。近年來，人氣再度翻騰。葉層疊生長，植株不斷地向上伸展。生長速度與普及種多肉植物相當。

夏季、高溫潮濕時期討厭根部悶熱，維護照料需留意。維護照料方法請參照「青鎖龍屬的維護管理要點」（P.42）。 冬 🌿

鑑賞 Point **1**

春季綻放的白色小花。

鑑賞 Point **2**

細膩重疊的漂亮葉姿。

鑑賞 Point **3**

由葉間長出的子株。

無花狀態

花盆 Selection
第一印象會覺得「好像和菓子喔！」。總有一天會拿出來使用！收藏品中的和風花盆是絕配。

[花盆規格 φ 7.5 × h4.5 ｜ H8.5]
（無花狀態）

low table

天錦章屬・朱唇石（P.84）／
景天屬・京鹿之子錦（P.62）／
大戟屬・群星冠（P.90）／

cabinet

伽藍菜屬・黃金兔
（圖鑑未刊載）／
苦瓜掌屬・蘋果蘿藦
（P.52）／

天錦章屬・朱唇石

Adromischus marianiae var.herrei 'Durian Red'

景天科天錦章屬。外形像「Durian（榴槤）」，表面布滿疙瘩。一年到頭長著紅色葉的多肉植物。長出子株之後擴散生長。生長速度非常緩慢。一年很可能只長一葉。

維護照料方法請參照「天錦章屬的維護管理要點」（P.72）。

鑑賞 Point

表面布滿疙瘩的葉。

花盆 Selection

植物與花盆都存在感十足的組合。不協調對稱的趣味。

[花盆規格 φ 7.5 × h8｜H17]

天錦章屬・翠綠石

Adromischus herrei 'Green Ball'

景天科天錦章屬。像極了創意擺飾，與室內裝飾品並排也賞心悅目。夏季長著綠葉，接觸寒冷就轉變成紅色。長出子株之後繼續增長。生長速度緩慢。
維護照料方法請參照「天錦章屬的維護管理要點」（P.72）。

鑑賞 Point

表面布滿疙瘩的葉。

花盆 Selection

選擇不協調對稱的花盆，突顯植物特色。

[花盆規格 φ 7 × h6 | H12]

天錦章屬・御所錦

Adromischus maculatus

景天科天錦章屬。長著厚實飽滿的圓形葉，葉模樣獨特。由枝條、植株基部長出子株之後擴散增長。生長速度緩慢，不容易增生。養成圖中枝條木質化的植株，大概要花三年的時間。

維護照料方法請參照「天錦章屬的維護管理要點」（P.72）。

夏 ⬌ ⚜

鑑賞 Point

綠色襯托而更加耀眼的
褐色模樣。

花盆 Selection　　植物的草姿感覺充滿著毒性。選擇形狀可愛的花盆，希望形成強烈的對比。
　　　　　　　　　以花盆柔化意象，大大地提升盆栽與室內裝潢的搭配性。　　[花盆規格 φ6×h6.5｜H12]

翡翠塔屬・蒼龍閣
······
Monadenium schubei 'Tanzania Red'

大戟科翡翠塔屬。乍看像極了柱狀類型仙人掌，其實是以凹凸不平肌理與顏色為最大特徵的大戟科多肉植物。小株時期可捧在手心細細品味。植株向上生長，枝幹長高之後長出子株。生長速度與普及種多肉植物相當。討厭高溫潮濕環境，夏季進行控水。

鑑賞 Point

由突出部位尾端長出的棘刺與葉。

花盆 Selection　　選擇縱長形花盆，強調筆直生長的株姿。長成柱狀的植株與筒狀花盆，搭配性絕佳。搭配的花盆顏色與日文名「紫シューベイ」相互輝映。　　[花盆規格 φ 7.5 × h8｜H18]

interior scene | 08
bookshelf

虎尾蘭屬・迷你佛手虎尾蘭（圖鑑未刊載）／
虎尾蘭屬・寶扇虎尾蘭（P.77）

interior scene | 09
cafe table

大戟屬・筒葉麒麟（P.78、P.79）／
鳳尾蕉屬・佛羅里達鳳尾蕉
（圖鑑未刊載）

石蓮屬・雲南石蓮

● ● ● ● ● ●

Sinocrassula yunnanensis

景天科石蓮屬。長著黑紫色葉，特徵鮮明。推薦給喜愛黑葉觀葉植物等，以黑色為主要特徵的植物愛好者。容易綴化的類型，綴化之後完全改變樣貌，難以想像圖中姿態也十分有趣。陸續長葉向外擴散生長，長得更加茁壯。生長速度與普及種多肉植物相當。

討厭日本夏季般高溫潮濕環境。討厭根部悶熱，夏季維護照料需留意。日照不足時，容易出現黑紫色葉褪色變成綠色的現象。適合擺在日照充足、通風良好的場所栽培。夏季期間遮光，移往空氣流通的半遮蔭涼爽場所。維持感覺斷水狀態，維護照料不困難。春季與秋季置於通風良好、日照充足場所，盆土表面乾燥時澆水，冬季留意寒冷，悉心照料。

綴化的雲南石蓮。
難以想像是相同的植物。

鑑賞 Point **2**

俯瞰欣賞。

鑑賞 Point **1**

黑紫色葉。

花盆　Selection　配合植物輪廓，選擇圓形花盆。
紫黑色肌理與白色花盆的強烈對比最有趣。　[花盆規格　φ 9.5 × h7.5｜H10]

大戟屬・群星冠

Euphorbia stellispina

大戟科大戟屬。以漫畫中描繪的天線狀棘刺最具特徵。像頭頂上裝著天線的模樣，滑稽逗趣，十分可愛。植株幼小時期長成圓滾滾的球狀，成長至相當程度之後，縱向生長，長成橢圓形。生長速度緩慢。

大戟屬中最討厭根部悶熱的種類，夏季維護照料需留意。維護照料方法請參照「大戟屬的維護管理要點」（P.49）。

鑑賞 Point

狀似天線的棘刺。

花盆 Selection　　配合木質化肌理，選擇充滿銅釉斑駁感的花盆。　　[花盆規格 φ 5.5 × h7.5｜H11]

伽藍菜屬
福兔耳變種 雪人
······
Kalanchoe eriophylla 'Yukidaruma'

景天科伽藍菜屬。普及種伽藍菜屬月兔耳的相同科屬多肉植物。恰如其名，這是以外形像雪人，表面毛茸茸，充滿柔美氛圍的圓形葉為特徵的多肉植物。陸續長葉，植株向上生長。生長速度非常緩慢。

容易悶熱，需留意生長環境。一年四季都進行控水，維護照料不困難。

鑑賞 Point

讓人聯想起雪人的圓形葉。

花盆 Selection　　　配合葉的氛圍，選擇同色系、相同質感的花盆，
突顯植株的存在感。　［花盆規格　φ 4.5 × h4｜H7.5］

····· column 07 ·····

大大提升植物魅力

值得品味鑑賞的花盆圖鑑

除了本書中介紹的花盆之外，魅力十足的盆器不勝枚舉。
本單元介紹11款最值得推薦使用的花盆。

Hanase SS（Gray）
花脊 SS（灰色）

Size　Pot：Φ5×H4（cm）
　　　Saucer：Φ4.8×H0.4（cm）

Innocence Mini Pot
(Yellow Cream)
Innocence 迷你小花盆
(乳黃色)

Size　Φ6.3×H3.8（cm）

Vella Pot XS（yellow）
Vella 花盆 XS（黃色）

Size　Pot：Φ7×H6（cm）
　　　Saucer：Φ7×H1（cm）

Drop Bowl Pot S
(Lemon Yellow)
流釉碗狀花盆 S
(檸檬黃)

Size　Pot：約Φ7.5×H5.5（cm）
　　　Saucer：約Φ6×H0.6（cm）

Crown Basic Pot S
(Matt White)
皇冠基本款花盆 S
(白色霧面)

Size　Pot：Φ7×H6（cm）
　　　Saucer：Φ8×H1（cm）

Ryumyaku "Anagama" Pot
026（Flame Gray）
龍脈 " 穴窯 "026
(Flame Gray)

Size　約Φ10.5×H8（cm）

Flames Basic Pot S
（Red × Black）
Flames 基本款花盆 S
（紅色×黑色）

Size　Pot：約Φ9×H7.5（cm）
　　　Saucer：Φ9×H1（cm）

Innocence Bicolor Cylinder Pot S
（Block）
Innocence 雙色直筒花盆 S（黑色）

Size　Φ7.2×H8（cm）

Native Basic Pot S
（Matt black × Matt white）
Native 基本款花盆 S
（霧面黑 霧面白）

Size　Pot：約Φ10×H8.5（cm）
　　　Saucer：約Φ10×H1（cm）

龍脈 Basic Pot SS
（Celadon Light Blue）
龍脈基本款花盆 SS
（青瓷 淺藍色）

Size　Pot：約Φ7.5×H6（cm）
　　　Saucer：約Φ9×H1（cm）

Shaper Shallow Cylinder Biri Pot SS
（White）
Shaper Shallow 飛刨紋直筒淺盆 SS

Size　Φ8×H5.5（cm）

協力：TOKY https://www.toky.jp/

後記

感謝你閱讀本書。

「悉心照料小巧盆栽，長長久久地相互陪伴」。

回顧當初，聽到這個主題時，
我就感到非常有興趣，於是二話不說地就答應了。

透過植物，協助打造出豐富多彩的生活，就是我的工作。
連結地區與建物基地，連結建物基地與建築，連結建築與生活的庭園建設、
室內植栽，是我不斷努力的目標。

庭園必須融入周邊風景，
成為家人、朋友、鄰居們的休憩場所。
盆栽必須配合人生階段變化，使居住空間更加豐富多彩。
兩者必須長久相伴相處，才能夠累積出豐富的經驗，留下深刻的感受。

為了與家人、朋友、鄰居們培養出健全的人際互動關係，
希望庭園樹木、花草、盆栽健健康康地生長，
必須打造一個無論對人、對植物而言，都十分舒適理想的環境，
工作讓我對此有了更深刻的體認。

希望長久享受有植物相伴的生活，本書若能幫助你達成願望，將是我的最大
榮幸。

2021年8月　AYANAS代表　境野隆祐

國家圖書館出版品預行編目(CIP)資料

桌上的暖心多肉小盆栽41款：可在居家空間培育的迷你綠植栽
/境野隆祐 著；林麗秀譯. -- 初版. – 新北市：噴泉文化館出版，
2024.3
　　面；　公分. –（自然綠生活；34）
　　ISBN 978-626-97800-1-3(平裝)

1.多肉植物 2.盆栽

435.48　　　　　　　　　　　　　　　113001036

| 自然綠生活 | 34

桌上的暖心多肉小盆栽41款
可在居家空間培育的迷你綠植栽

作　　　　者／境野隆祐
譯　　　　者／林麗秀
發　行　　人／詹慶和
執　行　編　輯／劉蕙寧
編　　　　輯／黃璟安・陳姿伶・詹凱雲
執　行　美　編／陳麗娜
美　術　編　輯／周盈汝・韓欣恬
出　　版　　者／噴泉文化館
發　　行　　者／悅智文化事業有限公司
郵政劃撥帳號／19452608
戶　　　　名／悅智文化事業有限公司
地　　　　址／新北市板橋區板新路206號3樓
電　子　信　箱／elegant.books@msa.hinet.net
電　　　　話／(02)8952-4078
傳　　　　真／(02)8952-4084

2024年3月初版一刷　定價480元

CHIISANA BACHI KARA HAJIMERU NAGAKU TANOSHIMU
OHEYA NO SHOKUBUTSU
Copyright © Nitto Shoin Honsha Co. Ltd. 2021
All rights reserved.
Originally published in Japan in 2021 by Nitto Shoin
Honsha, Tokyo
Traditional Chinese translation rights arranged with Nitto
Shoin Honsha ,
Tokyo through Keio Cultural Enterprise Co., Ltd., New
Taipei City.

經銷／易可數位行銷股份有限公司
地址／新北市新店區寶橋路235巷6弄3號5樓
電話／(02)8911-0825
傳真／(02)8911-0801

監修・執筆

境野隆祐

1980年生於日本群馬縣。
2008年於東京都世田谷區創業，開設AYANAS觀葉
植物精品店。
2019年將據點移往群馬縣高崎市，開始從事室外結
構、植栽等，庭園景觀設計、規劃工作。
著有《暮らしの鑑 グリーン》（翔泳社）

web site 　　https://ayanas.jp
Instagram　https://www.instagram.com/ayanas.jp

● 參考文獻

《暮らしの図鑑 グリーン》（翔泳社）
《珍奇植物》（日本文芸社）
《多肉植物の楽しみ方と育て方》（日東書院）
《はじめての多肉植物栽培》（パイ・インターナショナル）
《多肉植物生活のおすすめ》（主婦と生活社）

●Staf日文原書團隊

攝影	シロクマフォート
構成・撰文	加藤泰朗
企劃・編輯	スタンダードスタジオ
圖	白熊圖案室
插畫	遠藤亜由美
設計	柿沼みさと
總編輯	永沢真琴
模特兒	境野麻耶
植物圖鑑協力	0g0lab
協力	TOKY